善待自己

你的孤独也是一种恰到好处的幸福

序言

我的工作单位是一家广告公司，职务是广告策划人，干的活儿却是“记录”。没错，记录才是我的职业。我需要记录广告商的反馈意见，记录开会时要用的构思过程，记录前辈们的晚餐餐单。即使下了班，我的工作却仍未结束。我要记录下购物清单、能发到 SNS 上的精辟言论，以及凌晨 3 点陡然而生的少女情怀，这样才算完成了一天的工作。

我为何会选择记录作为我的职业？我想这主要是因为生活在这个瞬息万变的世界上，就连我们的情绪波动也变得瞬息万变。包括恋爱中的微妙情绪、上班时的愤怒情绪、女生独有的细腻情绪……整日忙得晕头转向，情绪波动自然更加频密，我常常不禁反问自己：“我刚才是什么样的心情？”不过是几秒钟前的感受，却已烟消云散。我害怕这些瞬息万变的情绪会像紧握在手心的流沙般不断地从指缝间溜走，便开始试着将它们变成泥土。而记录就是这炼金术的秘诀。变为泥土的记录成了可以滋养一切的土壤，在这片土壤上盛放的不只是那些我们熟知的华丽鲜花，还有令人生厌的杂草和顽强不屈的野花。

几年来，我一直坚持随时记录下脑海中闪现的每个想法，因此从我的记录中生长出来的杂草和野花早已枝繁叶茂，相互交织成一片丛林。某天，我突然萌生出一种使命感，在这使命感的驱使下，我开始对散落

善待自己

你的孤独也是一种恰到好处的幸福

[韩] 卢秀峰 著
刘舒亚 译

江苏人民出版社

图书在版编目（CIP）数据

善待自己．你的孤独也是一种恰到好处的幸福 /（韩）卢秀峰著；刘舒亚译．-- 南京：江苏人民出版社，2019.6

ISBN 978-7-214-21673-1

Ⅰ．①善… Ⅱ．①卢… ②刘… Ⅲ．①幸福—通俗读物 Ⅳ．① B82-49

中国版本图书馆 CIP 数据核字（2019）第 038310 号

书　　名	善待自己　你的孤独也是一种恰到好处的幸福
著　　者	[韩] 卢秀峰
译　　者	刘舒亚
责任编辑	卞清波
装帧设计	凤凰含章
出版发行	江苏人民出版社
出版社地址	南京市湖南路 1 号 A 楼，邮编：210009
出版社网址	http://www.jspph.com
印　　刷	天津旭丰源印刷有限公司
开　　本	880 mm × 1230 mm　1/32
印　　张	6.5
字　　数	70 千字
版　　次	2019 年 6 月第 1 版　2019 年 6 月第 1 次印刷
标准书号	ISBN 978-7-214-21673-1
定　　价	45.00 元

（江苏人民出版社图书凡印装错误可向承印厂调换）

在笔记本和手机上的记录进行整理归类。自此，回到家后我却仍下不了班，又没有加班工资，却常常通宵达旦，不知疲倦。整理完这几年的记录后，我将它们发布在博客和 facebook 上。几个月后，我将它们连载在 Daum Storyball（韩国知名网站）上，点击率超过 540 万次，并收获无数上班族的共鸣。这些记录使我成了一名作家。

这种感觉实在太奇妙了。自己没事偷着乐的那些小想法居然能让别人产生共鸣。这让我的使命感变得更加强烈。于是乎，在过去的一年里我一人分饰三角，晚上是公司职员，凌晨是作家，早晨是迟到大王，终于完成了此书。它就像我大脑的 X 光片一般，原封不动地将我的想法一一呈现给大家。虽然只是几句话，再配上几幅图，对我而言却已是高科技的结晶。它囊括了久到 10 年前散发着霉味的记录，近到几天前新鲜出炉的记录。

如果你问我对这本书的读者有什么期望的话，我希望得到他们的“共鸣”。或许你会认为我太贪心了，居然想要收获读者的感情！可是，即便问我一百次，我的回答仍旧是共鸣。在这个人情逐渐淡薄的世上，我们极易陷入孤独，常常被困在情感的无人岛上发出“为什么只有我活得这么累”的呼喊。而对这 S.O.S 的最好回应，难道不是让求救者发觉这世上仍有许多和他一样的人吗？因为共鸣即意味着“我并不孤独”。在竞争异常激烈的当下，每日默默忍受煎熬的读者们，我真诚地希望你们能从此书中找到共鸣，发出会心的一笑，如同收到一百朵红玫瑰般欣喜。

最后，谨以此序感谢我亲爱的家人、为数不多的挚友、可靠的公司前辈，以及过去一年来和我一起为此书的顺利出版付出辛勤劳动的编辑。

作者　卢秀峰

目录

3

失败是自然规律中神圣的一部分

菲利普·哈尔斯曼

4

人与人之间的关系犹如一个个相互交叉的圆

约翰·威廉·斯特拉特

5

唯有痛苦才能使我们成为真正的人

米格尔·德·乌纳穆诺

6

人们无法获知的不是答案，而是问题

尔伯特·基思·切斯特顿

今天
照常上班

全体上班族

1

铁人三项

上班途中

项目 1
快跑
难度系数 ★★☆☆☆

项目 2
长时间保持站立姿势看手机
难度系数 ★★★☆☆

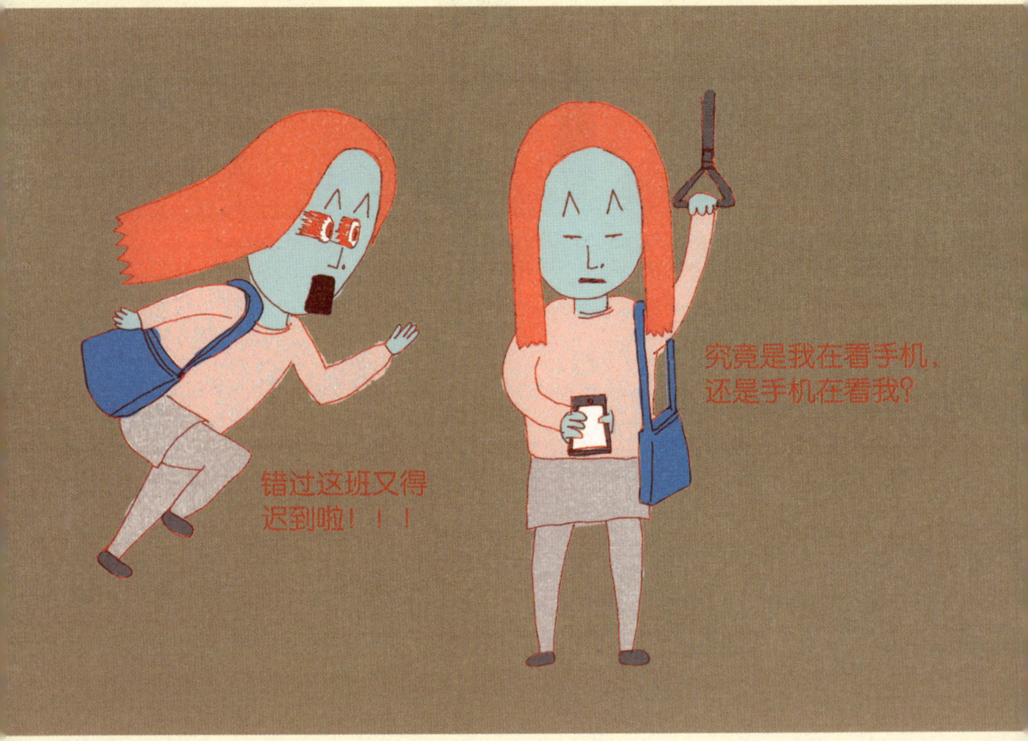

每到早晨8点，我们就会自动
切换到**铁人**模式。

项目 3

变身为压缩文件

难度系数 ★★★★★

志向
本周大乐透

从宇航员到科学家，
从科学家到名校大学生，
从名校大学生到托业900分，
从托业900分到大公司职员，
从大公司职员到升职，
从升职到本周大乐透。

我们的志向总在不断进化。
为了生存，从非现实的世界
回归现实。

“拜托，就让我这周中一次吧。”

一个资深上班族的志向

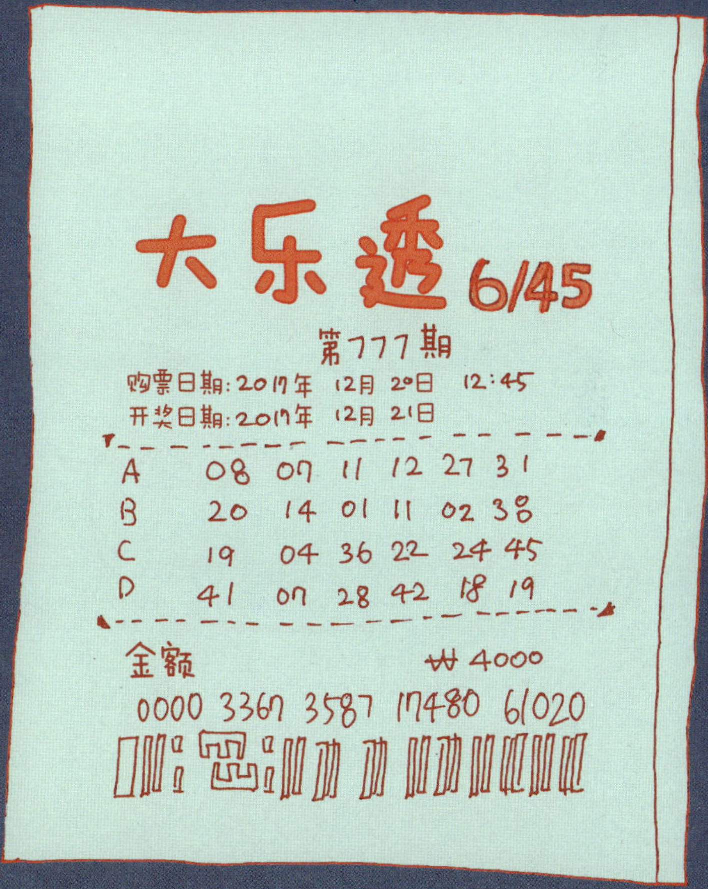

想象中的动物

反馈意见

既传统又时尚，
既高冷又亲切，
既简单又不失内涵，

请帮我变成这样的神兽。

它主要栖息在甲方的脑海中。

其外形会随着甲方的
心情而不断变化。
间或因为看到竞争对手的不错构思
而心生嫉妒，
要求将其画得更加巨大、更加雄壮，
其形象也就越发夸张。

在名为“下班”的悬赏激励下，
数千名上班族
每晚都在孤军奋战
寻找它的身影。

CCTV

前辈

通常的CCTV是安装在建筑物内用来保障安全和预防犯罪的，
可有一种CCTV却有些与众不同。

首先两者的根本目的不同，
后者是前辈为了满足自己的好奇心，
或得到实时反馈而设置的。
（事实上大多数反馈信息根本不急在一时。）

这种CCTV绝对算得上是一款高精尖产品，
它能直接安装于人体，可以360度旋转，
令被监视者根本无法专心工作。

如果工作时突然感觉后脑勺刺痛，
那么极有可能是前辈的CCTV又开始作业了。

如果前辈的CCTV启动频率过高，
令你怒不可遏时，
你可以在电脑屏幕上贴一面巨大的镜子，
让他自己看看这副一直死盯着别人的尊容
是多么地令人厌恶。

大家都说自己中午已经有约了，
最后只剩下我和上司。

于是我也宣称中午有约了。

坐在我旁边的同事
正把窗口缩小，
偷看求职网站。

看来我得对他好点儿。

酒价上涨

烧酒24元

有些大股东
因为股价上涨而喜笑颜开，
有些蚁民，
却因为酒价上涨而沮丧失落。

对这些完全不懂什么是综合股指、科斯达克[1]，
只知道鱿鱼和小明太鱼的
蚁民而言，这实在是种致命的打击。

买不起下酒菜，尚可用长吁短叹来替代，
可烧酒却无可替代。

60元可以买3瓶烧酒，
还剩6元的好日子
如今已彻底成为历史。

连排解生活苦闷的良药
都涨价了，
从此就连自我安慰也需要先担心钱够不够了。

---

① 科斯达克成立于1996年7月，是与纳斯达克一样的股票电子交易市场。

真露
连你都涨价了，
还让不让人活了……
好歹提前通知一下嘛……

心声

没关系

每天乘坐末班车下班（　　）没关系。

应付各种才艺表演、部门聚餐和KTV（　　）没关系。

听到令人难堪的玩笑（　　）没关系。

每月一次的休假永远可望而不可即（　　）没关系。

得到的人事评价有欠公允（　　）没关系。

被告知只能领取微薄的年薪（　　）没关系。

被人使唤去买咖啡（　　）没关系。

周末参加公司的爬山活动（　　）没关系。

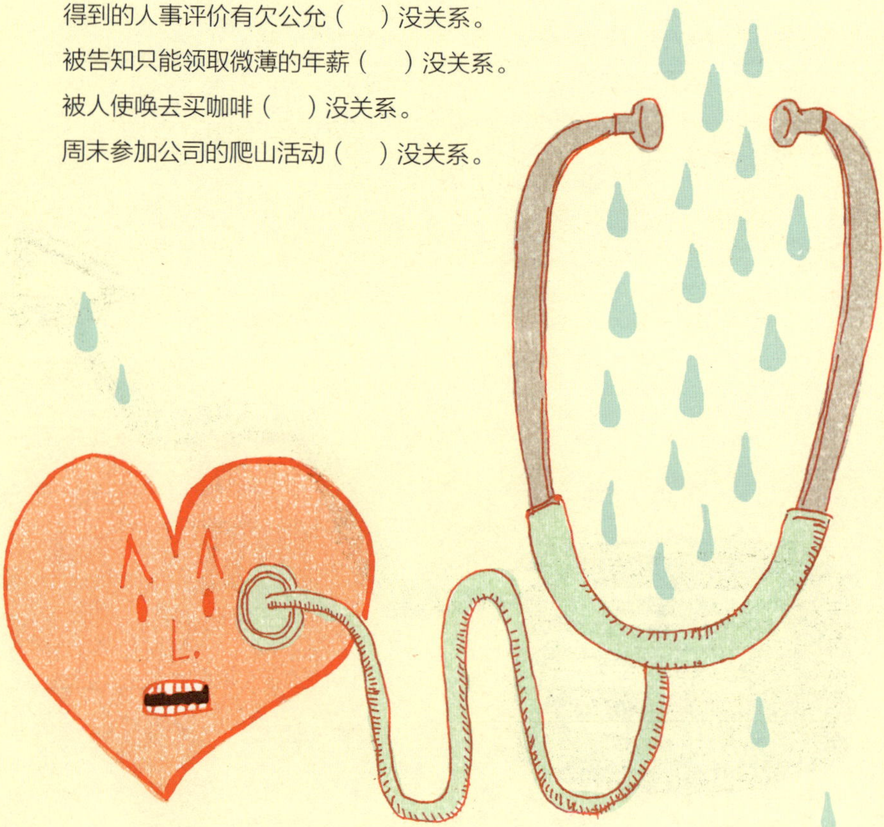

各位领导，
我来教教你们如何才能奇迹般地
听到下属的心声吧。

您只需在（　　）内填入“谁说”，
然后再读一次试试吧。

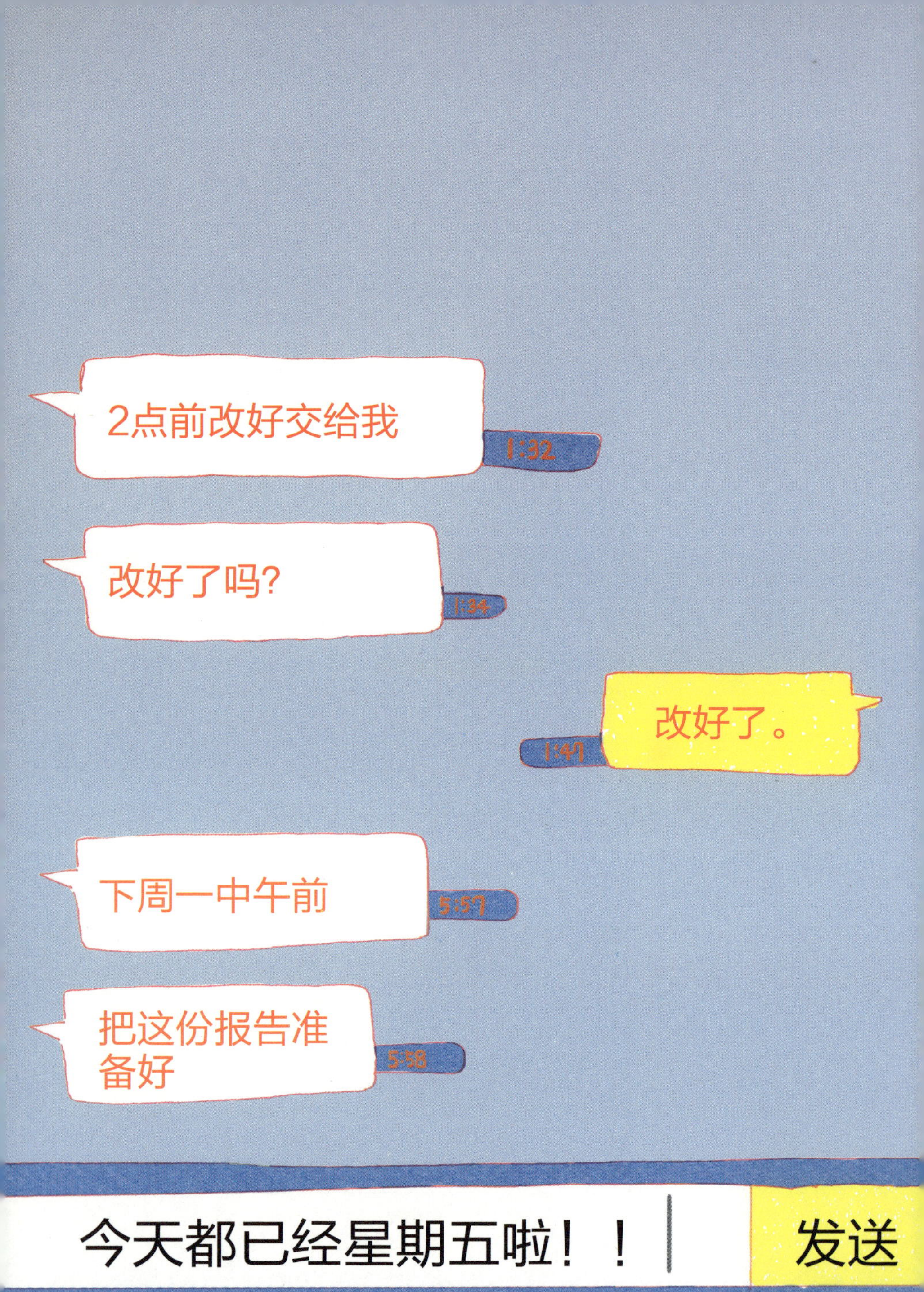
2点前改好交给我
1:32
改好了吗?
1:34
改好了。
1:47
下周一中午前
5:57
把这份报告准备好
5:58
今天都已经星期五啦！！
发送

无期徒刑

Kakao Talk①监狱

只要随着一声“嘎嘟”
上司的消息一到，
无论今天是星期六还是节假日，
管你是在家还是在啤酒屋，
它都能使任何地方
瞬间变成办公室。

这是一种超越时空的

新概念监狱。

① 一种即时聊天软件，其普及程度和功能类似于微信。

你父亲是做什么的?
婚房有多少个平方?小不小?
和男朋友干什么去了?
快递里装的啥?
要买啥?
打算什么时候生孩子?

私生粉①

公司领导

我又不是您的偶像。

① 指对偶像私生活过度关心，喜欢跟踪偶像的粉丝。

当有人问我“近来可好”时，
我的回答总是“还不是老样子”。

这既令人兴叹
又令人庆幸的生活。

入职前 活鱼眼

入职后 死鱼眼

晚上吃什么？

下班

比起辣味南瓜芝士安东炖鸡、
德国香肠四季披萨、
墨西哥辣酱炸鸡
和糯米香草糖醋肉套餐，

妈妈做的饭香多了，
即便只有泡菜和白米饭。

别问我晚上吃什么，
请每天给我点一份
固定套餐，名曰“下班”。

超现实

工资是现实的

房价却是超现实的

房地产中介公司，
是这世上最趾高气扬的展览馆。

画着房价的A4油画布，
据傲地挂在房地产中介公司的玻璃上。

动辄上百万元的作品价格，
让人恍若置身于苏富比拍卖行一般。
普罗大众若是胆敢轻易入场，
一定会被吓得“呵”地倒吸一口冷气。

或许是因为销售人员太清楚
大部分顾客单凭现实的工资，
是绝对买不起房的，
所以他们会亲切地告诉你
可以通过贷款，
这种签订20年奴隶条约的方式来实现。

房价生活在梦想与幻想的国度，
而工资生活在上班时沉重的脚步里。

星期日

啊！原来星期日
是做事的日子啊。

实习的时候怎么就没发现呢?

人生
近看是悲剧，
远看是喜剧

查理 · 卓别林

2

夏季

地铁梅雨季

上班族气象局发布的预报显示，

早上7:00-9:00

地铁2号线上
将有强降雨。

去哪儿能买到鼻孔专用雨伞呢？

自炊者

幸福渐渐变得微小

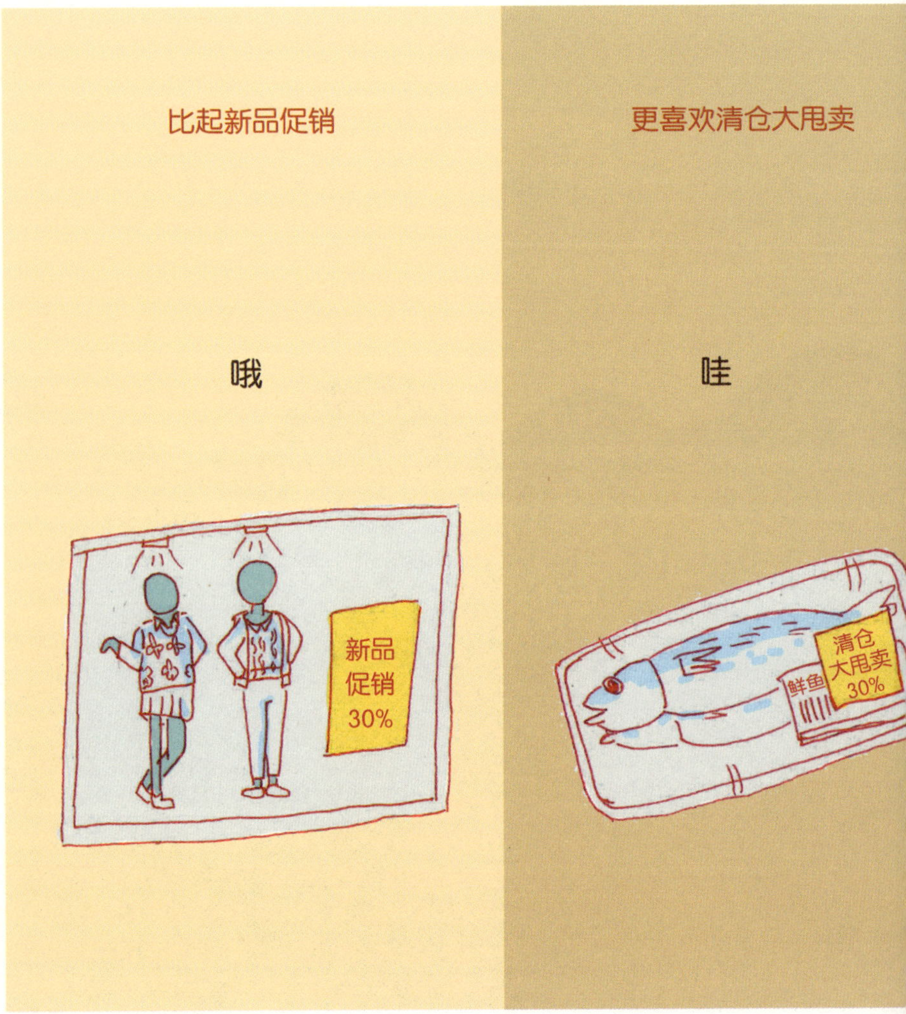

比起存款

哦

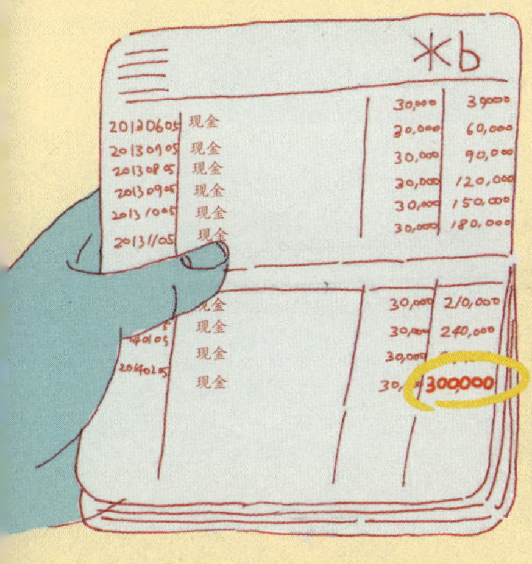

更喜欢积分

哇

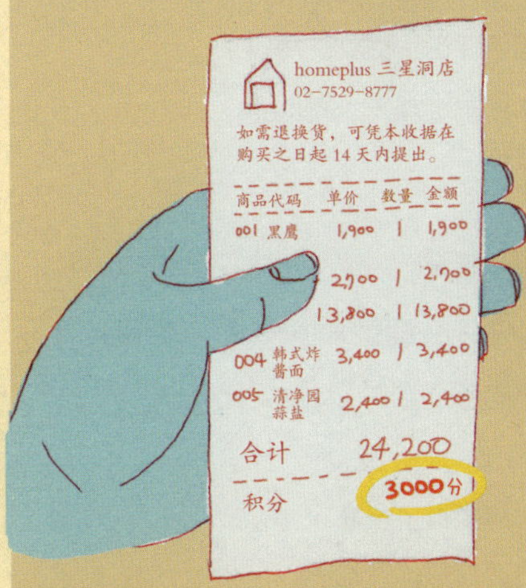

林荫道美食店 搜索

三清洞美食店
江南美食店
弘大美食店
经理团道美食店

搜索上述关键词，
你会发现如今评判一家店是不是美食店，
得看网友对这家店有没有点评。

或许现如今的美食店
已不再是传统意义上的美食店了，
而是指将评论里提到的每家店
从头到尾全都品尝一遍的
整个过程。

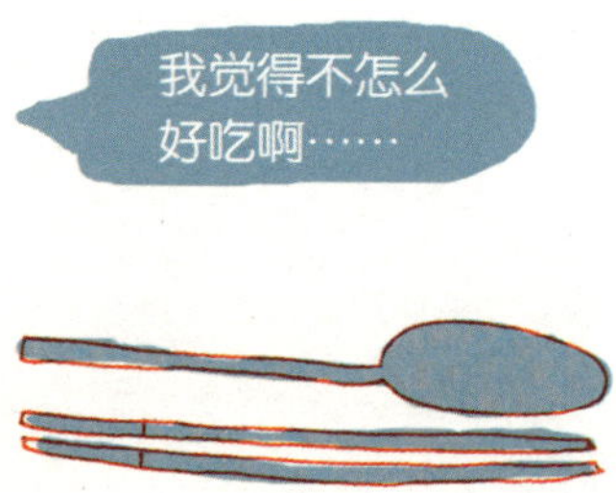

试着鼓起勇气，
无视那些评论里提及的一长串美食店名，
径直走向那个莫名吸引你的招牌。

如此，你便有了一家
未曾出现在任何评论里，
只属于你的秘密美食店了。

美食店

点评万能主义

巴普洛夫的狗

就算睡着了也会突然惊醒

SNS 条件反射清单

当应用程序右上方亮起红色圆圈时会心跳加速。

其实并不觉得“赞”，但只要是熟人发布的，全都点“赞”。

不知为何，无论去哪儿玩，都觉得有义务要发个帖秀一下。

时不时地查看自己发布的帖子被点了多少个“赞”。

如果收到的“赞”比较少，心中就会不由地感到不安和失落。

我在 Kakao
Talk 上发的信
息为什么不回?
那个女实习生
不会也去参加
聚餐了吧?

失眠的原因

作家的本能

会不会就坐在他旁边喋喋不休
那丫头一定是一副眼角带笑眉含春的样子
细看之下，还有点像他的初恋情人
用一种欲言又止，颇有深意的眼神
一直直勾勾地盯着他
他一定被盯得心跳加速
俩人就连回家的路都是同一个方向

像给人解释笑话的笑点般
令人难以启齿的事。
像上司说起话来如同谷歌翻译器般
令人心塞郁闷的事。
像用自拍神器拍的照片被人识破般
令人羞愧难当的事。

那就是对方质问我
为什么不联系他。

消费满300元
即可得到一个环保购物袋，可我还差48元。
于是买了件最便宜的素色T恤，凑足了300元，
获得了限量版环保购物袋。

环保购物袋
不知不觉间竟变得和塑料袋一样多了！

因为隐约能看见乳沟，
所以不太方便穿去公司的素色T恤。

结果环保购物袋像紫菜包饭一般被卷成一堆，
素色T恤则躺在衣橱里发霉。

TALK

领土扩张

父母的SNS

5年前，

当父母发短信问我有没有按时吃饭时，

我着实吓了一大跳。

2年前，

当父母用Kakao Talk发来照片，

炫耀自己腌的白泡菜时，我又是一惊。

3个月前，

当我在kakao story上看见他们登山的照片时，

再度震惊。

每当父母的SNS领土向外扩张时，

我都不由地心惊肉跳，

担心自己的隐私被他们发现。

如果收到父母的好友申请，由于他们并非我的朋友，

而是父母，所以即使不接受

也不算什么违背良心的事，

我居然已经开始给自己找理由，苦思应对之策了。

看来我得准备从SNS上移民了。

闹钟时间注解

起床马奇诺防线

上午 闹钟 6:00

上午 闹钟 6:20

上午 闹钟 7:00

上午 闹钟 7:40

上午 闹钟 8:10

上午 闹钟 8:50

该起床去健身房啦。

该起床把落下的英语功课补上啦。

现在起床应该还来得及吃早餐。

现在起床应该还来得及刷睫毛膏。

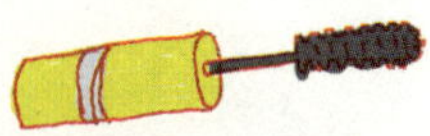

打车的话还是来得及的。

呃啊啊啊啊啊啊啊！

烦恼

补染发根or全部染黑

黑头发怎么这么快就长出来了?

想要补染发根，

又担心这一头棕发维持不了多久。

想要全部染黑，

又担心看上去太过生硬。

补染发根，还是全部染黑，

这是一个问题。

不寒而栗

随时随地

自拍模式

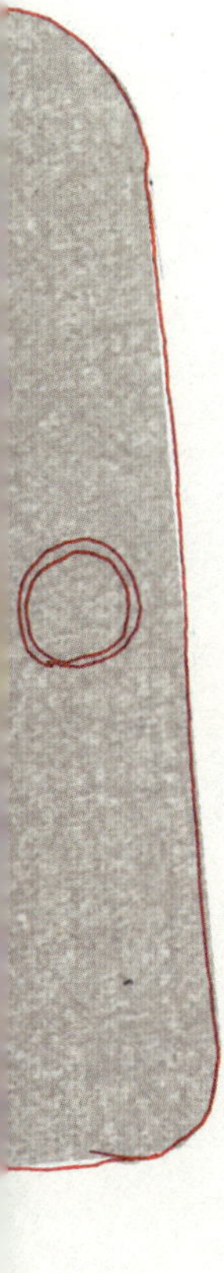

前前任男友发来好友申请，不寒而栗

长筒袜破了个洞，却要去盘腿而坐的餐厅用餐，不寒而栗

买了套化妆品，第二天却发现打六折，不寒而栗

和我同批进公司的同事标记了我的旧照，不寒而栗

请后辈吃饭，却发现午餐优惠已经结束，不寒而栗

好不容易在地狱铁①上等到座位，却发现一位老人站在面前，不寒而栗

和处于暧昧阶段的男性聊kakao talk，

却发现老妈正站在我身后看着，不寒而栗

胸罩一边的肩带突然松了，不寒而栗

满心期待第13个月的奖金，却发现被扣了不少，不寒而栗

前男友的头像换成了婚纱照，不寒而栗

看招聘广告时经理正巧从我身后经过，不寒而栗

没有一天是过得舒心的。

---

① 指上下班高峰时间拥挤混乱的地铁。

失败是
自然规律中
神圣的一部分

菲利普·哈尔斯曼

3

最年轻头衔

我的人生成了浮云

最年轻的金牌得主，
最年轻的以全校第一的成绩考入S大的考生，
最年轻的法官，
最年轻的CEO，
最年轻的诺贝尔和平奖得主，
最年轻的司法考试过关者。

我像这个世界上的大多数人一样，
遵循什么年龄做什么事的原则，
认真扎实地度过了一年又一年，
而这个词却给了我沉重的一击，

它就是**最年轻**。

无论在任何领域，只要贴上一个最年轻的头衔，
就会变相地让那个年龄段的其他人
的人生成为浮云。

有时它甚至会让人回想起当年那个年纪的自己，
然后陷入深深的自责：
“我当时都在忙些啥？”

大器晚成怎么了，
年少有为又能怎样？

最年轻头衔，
让其他人过往的人生
显得是那样的漫不经心。

为了内心的平和，
我们应该对这个词语的使用加以扬弃。

红灯

这不单纯是脱发的问题

脱发，

其病症只有一个，

就是掉头发。

病因却是多重的。

例如正在进行的工作毫无起色。

例如原本精神抖擞却突然萎靡不振。

例如梦想破灭。

例如恋爱关系陷入僵局。

例如情感变得麻木。

也许脱发

并不单纯是掉头发的问题，

而是心情亮起的红灯，

表示这天我们过得并不幸福。

曾几何时

被视为孩子

在我们的一生之中，被人视为孩子的时间
远比我们想象的要少。

8岁已是要对自己的数学考试成绩负责的年纪，
也就是说在这个人均寿命近百岁的时代，
我们被人视为孩子的时间却不到寿命的十分之一。

从很小的时候起，我们的耳朵每天都在接受诸如
“你可以的”
“你一定能做得很好”
之类看似鼓励实为推卸责任的话的洗礼。

在这种揠苗助长的方式下，
我过早地成长为一个尚未完全发酵成熟的大人。

从此我便失去了
可以大声说出“我不行”的自由，
可以不必一本正经的自由，
可以逃避责任的自由。

在我们心底的某个角落，
像泡菜缸般被深埋在角落最深处的
如孩子般天真烂漫的自由已经完全发酵成熟。

即便有时我们做出一些不负责任、任性胡闹的举动，
也千万不要为之自责和内疚。

因为我们绝对有资格这么做。

挑战

人生的吉尼斯纪录

关于我人生中每一个第一次的纪录。

和老爸看完早场电影后吃了顿麦当劳超值午餐，
乘坐394路公交到终点站，
在江边唱自己最拿手的歌，
毫无把握地向暗恋对象表白后被无情地拒绝，
献血后没要巧克力派，
老妈腌越冬泡菜时在一旁帮忙加调料，
过巴黎贝甜而不入，却在小区面包房里买了个卖相粗糙的豆沙面包，
也没什么特别的话要说，却还是亲手写信给家人，
用攒的30元买了本《大志》。

假如有一天你突然发现，
人生中不再出现新的关于第一次的纪录，
那就试着刷新自己已创造的吉尼斯纪录吧。

就算没人会为此拍手称赞或惊奇诧异，
但至少这些记录
会让我们的人生变得更加富有乐趣。

较量幸福

SNS

我不漂亮但很幸福，
我的幸福时光，
见到超级巨星很幸福，
唱完K-POP很幸福。

SNS就是一个人人都铆足了劲较量谁比谁
更幸福的赛场。
为了炫耀自己过得更幸福，
每个人都忙着使出浑身解数晒幸福。

作为自己的御用编辑，每个人都是善意的天使，
而非恶意的魔鬼，
他们会精选出一天之中
最精彩的某个场景，
在SNS上放映。

因此，
我们无须太过艳羡，
也无须太过愤怒。

至于我能给你的分数嘛……
得，就赏你一个“赞”吧，
然后立即切换到其他页面。

微幸福1

曾经的我会将自认为美好的句子
用下划线标记出来

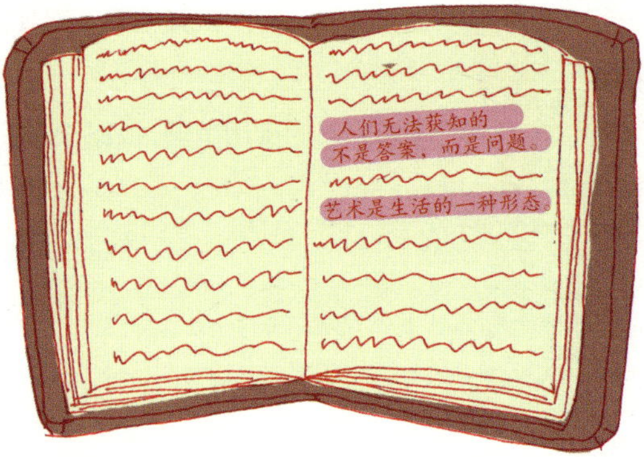

再次看到这些，仍旧深受感动。

我的感性依旧，这多么幸运啊。

微幸福2

艰难地走进冷水池，

五分钟后适应了，竟用脚玩起水来

看到本想走进冷水池的人因为水凉而手足无措，

不敢入水的样子，

心中甚是得意。

微幸福3

选中了一整盒
都是又大又圆的草莓。

瞧我这无以伦比的直觉!

微幸福4

做的菜

正好能全部装进保鲜盒。

瞧我这无以伦比的眼力！

价值发掘师

贵人

一个并不期待我改变自己，
而是能发掘我的内在价值的人

贵人，

一个能发掘我真正价值的人。

在他人眼中，我或许不过是块顽石，
但贵人能发现藏在石缝中的金沙。

无论是在工作中还是在爱情中遇到贵人，
都将成为我们人生中至关重要的一个转折点。

如果你觉得现在没有人爱你，
或者在工作中得不到认可，
那只能说明
懂得你真正价值的那个人尚未出现而已。

因此切莫担忧。
我们本身就是非常有价值的人。

都，幸福

都幸，福

今天睡醒时还能睁开眼，真幸运。
今天打开煤气灶时还能点燃煤气，真幸运。
今天呼吸时还能顺畅呼吸，真幸运。
今天打开台灯时灯泡还亮，真幸运。
今天弯曲手指时手指还能弯曲，真幸运。
今天看衣柜时还有衣服可穿，真幸运。
今天打开水龙头时还有水流出来，真幸运。
今天刷卡时还能成功付款，真幸运。

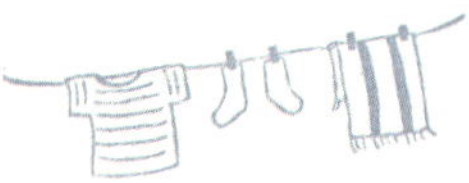

如何才能变得幸福?

不是祈祷一切
都，幸福，
而是明白所有自认为理所当然的事
全都是幸运、福气。

都，幸福
都 幸福
都幸 福
都幸，福

人生的文件夹

爱情文档3TB

由于好奇我人生的文件夹中到底装了哪些文档，
打开一看竟然发现……

我的图像文件夹

4岁时从酸奶底部戳个洞，一口气喝了8瓶酸奶的我。
在一个去钢琴辅导班接大姐的大冷天，
把我拥进自己夹克里的爷爷。
因为不喜欢晾衣服而将衣架偷偷藏起来的弟弟。
在我住进地方大学宿舍的那天
伤心到放声痛哭的老妈。

我的音乐文件夹

爷爷去世后
葬礼上此起彼伏的痛哭声。
得知考上大学后在公交车上哼唱的小曲。
第一次去梨泰院俱乐部时一直大叫着F**K的节奏。
暧昧男向我表白时羞涩地为我演唱的情歌。

如今再打开这些文件夹时，嘴角会露出一丝微笑。

而角落里显示容量已满的垃圾桶文件夹中，
却塞满了各种无法忘却的文件。
面试时令我难堪的面试官，
因为朋友没有把手捧花抛给我而生气的心情，
从来都只把糖醋肉留给弟弟的奶奶，
和前男友分手的汉江公园。

不知不觉间，这些执着的碎片开始蠢蠢欲动，
最终变异成诱发人生不快的病毒。
对于这些只会消耗内存的执着，
应该果断地按下Shift+Delete。

因为人生的文件夹只用来装关于幸福和爱的文件尚且内存不足。

纠结了半天，
最后还是放弃了 crunky[1] 选择了费列罗。

没关系，我今天这么辛苦。

① 一种巧克力品牌。

我不想假装幸福，
我想要真的幸福。

我不想假装没事，
我希望真的没事。

人与人之间的关系
犹如一个个
相互交叉的圆

约翰 · 威廉 · 斯特拉特

4

误会

我不要坐车

坐公交遇上的那些尴尬瞬间

#1
和以为我要坐车
而停车的公交司机
四目相接。

#2
我要坐到终点站，
可想坐我位置的
大妈
一直站在我旁边等候。

#3
身后站了一堆人
等着下车，
可刷卡机已经连续两次告知我
“刷卡太快请重刷”。

自动应答服务

问候饥荒

如今人与人之间的问候
常常是按时通过几行文字、
几个印有礼物标识的图标来传递。

而就连这种形式的问候
也逐渐被视作是随时都能轻而易举完成的事，
因而被一推再推，最终被人遗忘。

于是，一场问候饥荒开始爆发，
并引发了**人际关系的饥荒**。

战胜这场饥荒的唯一方法就是使用自动应答服务。
试着给那些不知从何时起只在SNS上通过JPG和文字
联系的朋友打个电话吧。

放弃键盘上的“H”，让彼此听见对方真实的笑声，
不自然的对话会变得丰满，已然生疏的关系会变得紧密。

放弃表情符号，让彼此看见对方真实的表情，
你会发现在不知不觉间你已逃离了这场饥荒。

也许人际关系可以通过SNS上的几行文字来维系，
但人情关系唯有依靠真实的声音、面容和表情，
才能变得更加亲密。

吹牛

他呀？我认识。

“他呀？我认识。”

=

我和他不太熟。

我们只聊过一两句。

其实他可能都不知道我的手机号。

只有当我偶尔给他发个爱心时，他才会回复我。

不管怎样，我真的认识他啊，是不是显得我很有能力？

风景画

收银台前的大叔们

作品名：
哎呀呀~我都说了我来付。

作品名：
哎呀呀~我都说了我来付。

某家刺身店的收银台前，
正在展出一幅只有喝得醉醺醺的大叔们
才能创作出来的风景画。

作品名为
“哎呀呀~我都说了我来付。”

画面上双方争着让对方收回钱包，
然后掏出自己的钱包，
收银台前的大妈则在一旁露出尴尬的笑容。

经过一番你争我夺，
当手脚麻利的一方付完钱后，
落败者则会感叹一句：“哎呀呀~我都说了我来付。”
然后心情愉悦地认输。

尽管这个世界充斥着各种骇人听闻的新闻，
但通过这副风景画，我们仍能感受到这个世界的和谐融洽，
这是连列奥纳多·达·芬奇也画不出来的伟大作品。

相对评价

痛苦

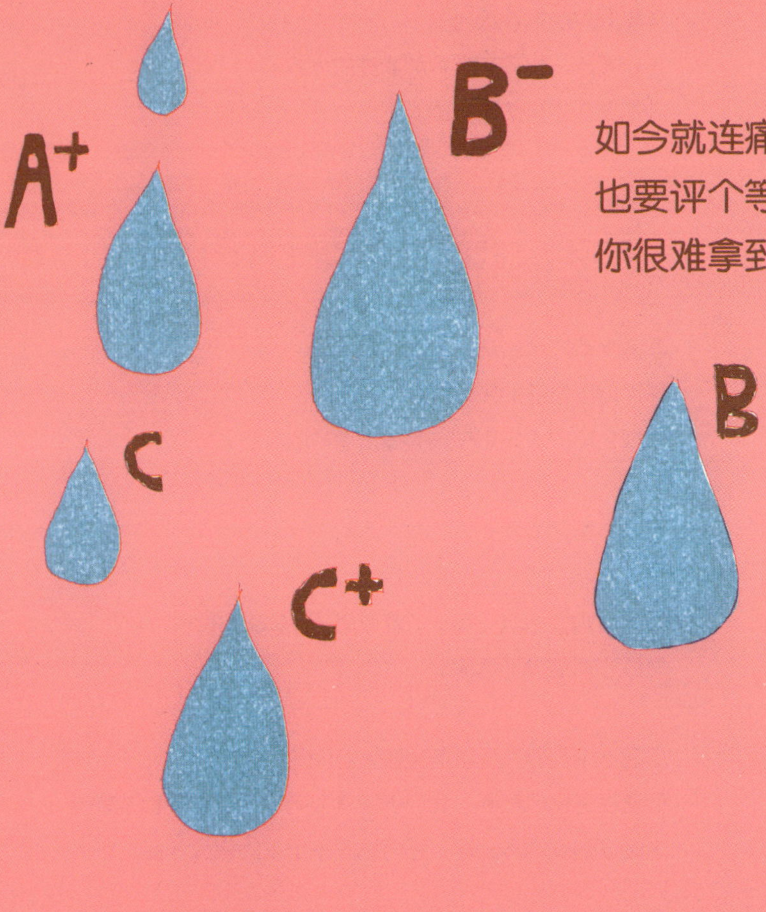

如今就连痛苦
也要评个等级。
你很难拿到 A。

当我们陷入痛苦时，
常会听到一些极其寻常却令人更加痛苦的话。

“这根本不算什么。”
“你这个年龄段的人都是这样过的。”
“我像你这么大的时候也这样。”
“你比他幸运多了，没事的。”
“比你痛苦的人多了去了，没什么大不了的。”

因为总有人比我更痛苦、更不幸，
所以我的痛苦也就相对贬值了。

整个学生时代，
我一直因为自己的成绩被相对评价
而感到不公和委屈，
如今竟然连痛苦也成了相对评价的对象。

也就是说，就连痛苦也要有个等级，
就连痛苦也要接受相对评价。

可这种行为
反而让他人的痛苦成了度量我的痛苦
的尺子和牺牲品。

不是非得比他人更不幸、更痛苦，
才算“真的”痛苦。

那些整日咋咋呼呼、胡言乱语的人，
十有八九得了舌头负担过重症。

我们的舌头光是用来说话就已经够累的了，
他们居然还要用它来思考问题。

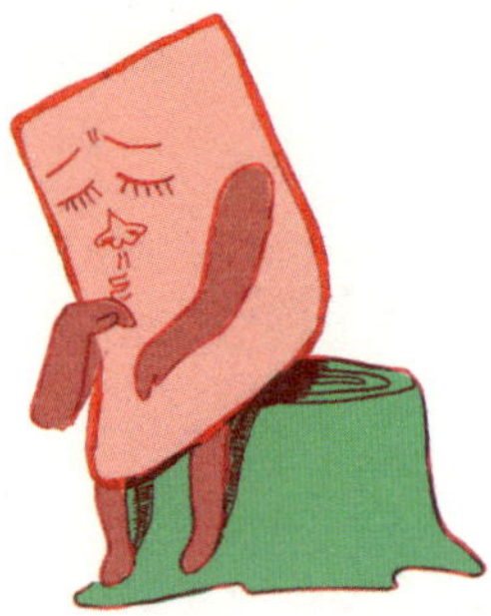

喂，思考的事情还是留给大脑来做吧。

我以为黑胶时代离我很遥远，
却没想到自己已经属于新生代口中的CD时代了。

他们居然以为文熙俊是谐星……

同音异义词

赞

搜索

1小时前

赞

❶ 真心觉得赞。[近义词，太棒了]

❷ 我和你关系亲密。[反义词，看过了]

❸ 没一个人点赞，算了我给你点一个吧。 查看例句 ▼

❹ 我们还没要好到互写评论的地步。

❺ 羡慕嫉妒恨，
但是如果没有任何表示的话会让对方以为
我在嫉妒他，
此时点个“赞”
显得寡人胸襟广阔。

赞 27个

赞　点评

Your like is

____

为忠告而忠告
请慎言

忠告
[名词]诚恳地劝告别人的错误或缺点。劝告的话。

这是词典对这个词的解释，其关键词是诚恳。

真诚地希望对方变得更好
而提出的建言才叫忠告。
或者能够改善对方目前处境的话，
或者能够给对方指明方向的话，才叫忠告。

然而常常有人自以为
搬出自己的经历，或者显摆自己的权威，
然后说一番咄咄逼人的话，
就是忠告。
而实际上通常这些话对对方来说，
并非忠告，
而是痛苦。

如果你无法改变对方的处境，
那么此时你需要做的不是忠告，而是安慰。

就是因为你总这样封闭
自己才会这样啊。换做
我的话……
别来烦我，
我已经够累的了。

时间的房子

只有我和老板的电梯

超级无敌畅销的发明。

能够显示老板在不在里面的

电梯。

动词

鸡啤

鸡啤原是炸鸡和啤酒的缩略语。
起先在一些上班族中作为隐语开始流行，
逐渐发展成为深受全国人民喜爱的动词。

它是一个神奇的动词，
无须主语、宾语和状语，就能表达出完整的意思。

“鸡啤？”

试着用一种饶有趣味的腔调读读看。

它是一个完美的动词，

只需说一句“**鸡啤**”，对方便能自动翻译成：

“今天一起去喝个痛快，然后忘记烦恼重新出发！”

这是我们独自一人时

绝不可能体会到个中韵味的一个动词。

转嫁责任

昨天的我

前年的我

对去年的我推卸的责任，

减肥。

去年的我

对今年的我推卸的责任，

减肥。

今年的我

对明年的我将要推卸的责任，

减肥。

历史总在不断地重演。

入境审查

非法滞留者

入境审查

当我结识一个新朋友，
并准备将其迎入我的世界时，
必须事前对其进行严格的入境审查。

以防结交像毒品携带者般危险的
爱管闲事的黑手党，

或是像暴恐分子般吓人的
脏话恐怖分子。

我的世界里已经有太多这样的非法滞留者了，
他们已将我的世界搞得乌烟瘴气，
而想要把这些毫无眼力见儿的家伙们强行驱逐出境，
简直难于登天。

决不能再允许
任何一个非法滞留者入境，
在我的世界里胡作非为。

因此，在结交朋友时，
我不得不更加小心谨慎。

似曾相识

我居然都（　　）岁了

我居然都20岁了

我居然都21岁了

我居然都22岁了

我居然都23岁了

我居然都24岁了

我居然都25岁了

我居然都26岁了

我居然都27岁了

我居然都28岁了

每到岁末年初，

必定如期而至的似曾相识。

即使再不愿意也无法避免的

令人生厌的似曾相识。

虽然痛苦

但尚能承受的似曾相识。

每次来临都让人感到既陌生

又熟悉的似曾相识。

唯有痛苦
才能使我们
成为真正的人

米格尔·德·乌纳穆诺

5

如果你以为饮酒后醉的只是脑袋，
那你就大错特错了。

我们醉酒后
最爱惹是生非的部位就是**手指**。

主要的撒酒疯方式是在社交软件上乱发感慨！

当我试图通过删帖
来解酒时，
却发现已经无法挽回，
于是再次醉了。

禁止

酒后上社交软件

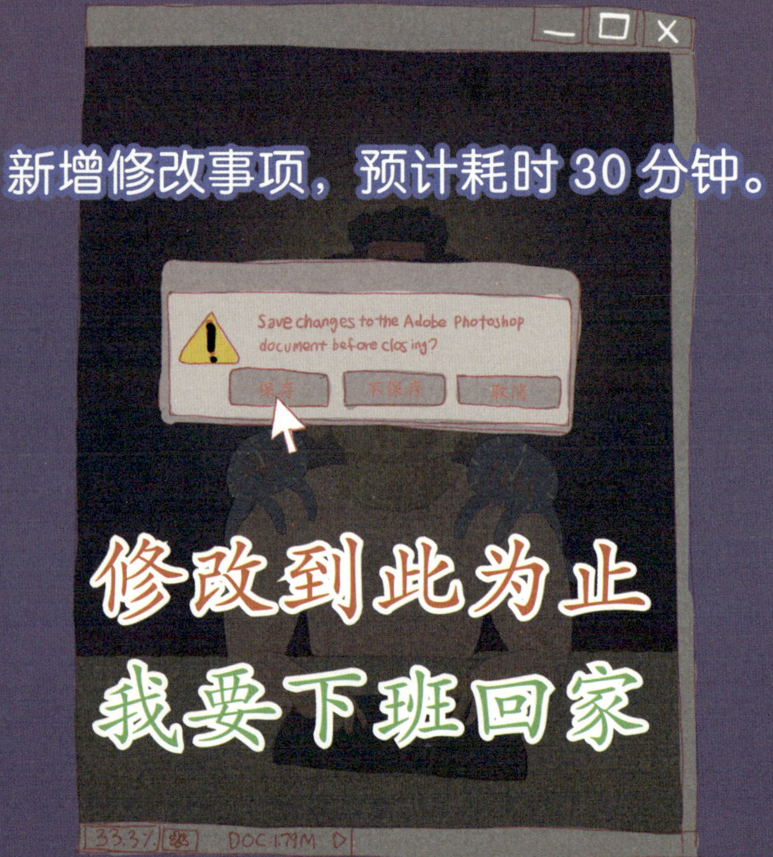
新增修改事项，预计耗时 30 分钟。
Save changes to the Adobe Photoshop document before closing?
保存
不保存
取消
修改到此为止
我要下班回家
33.3%
DOC:1.79M

KTV服务

加班

最近的加班，

像极了KTV提供的服务。

每当你想结束时，

“再修改20分钟！”

每当你点击系统退出键时，

“再修改1小时！”

眼看就要结束却总是没完没了的额外服务。

真想对广告商的盛情款待

发出幸福的呐喊。

好歹给到
这个数吧。
庆
年薪通报
圆满解决
祝
只能给你
这个数。

通报

年薪协商

每到年末，公司都要举办一场化装舞会。
舞伴是戴着民主协商面具的董事们。

如果一开始就让我们看到通报的真实面目，
那也不至于太过失望。
可他们却偏偏用一张写满协商的魅惑脸庞，
让大家充满了期待。

然而当他们卸下面具露出真面目的那一刻，
大家唯有感慨希望越大，失望越大。

公司有个传承多年的传统，
那就是每到年薪通报季，
公司经营状况必定不佳。

“这已经给大家涨了很多了。”

每年的年末化装舞会，
总是通过这句固定台词来闭幕。

上司

居然对我说：

“你该有点自尊心。”

难道我看上去没有自尊心吗？

整整一周，自尊心被消磨殆尽。

老妈打电话来关心我的近况。
我告诉她：我每天都按时吃饭，
工作也很顺利。

挂完电话后趴在枕头上
号啕大哭。

人生之难

就业难

下班难

经过一番激烈竞争，在克服就业难成功入职后，
等待你的将是看尽上司眼色的下班难。

而战胜下班难的最佳方法就是
干净利索地处理完自己的业务，
然后带着心安理得的微笑下班。
你必须谨记，
上司那一瞬的眼色将直接决定你晚餐时的心情。

拿出勇气，勇敢地下班吧！

你已经克服了那么多困难，
相信总有一天你会成功克服下班难。

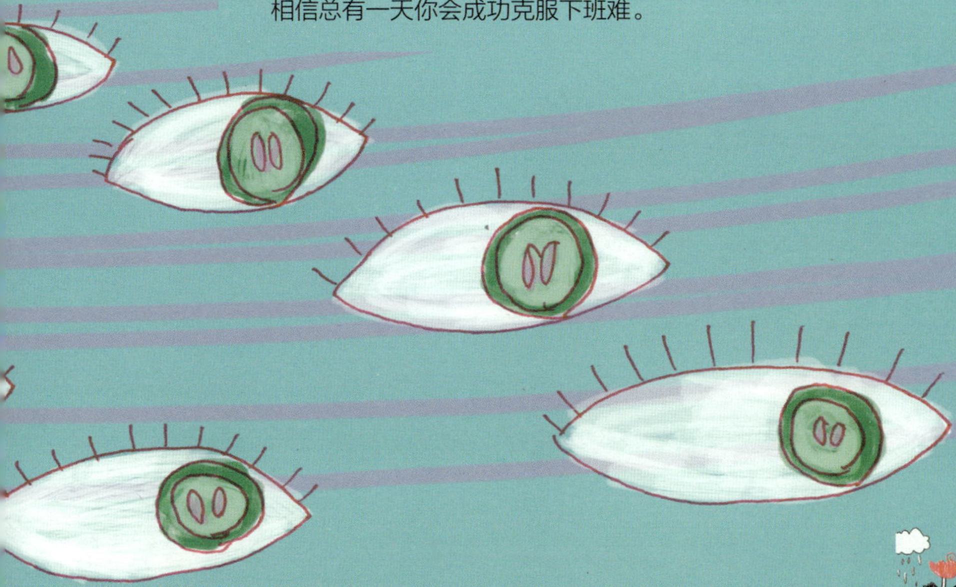

白眼饭

育儿假

“不知道等我回来后还有没有我的位置？”
一位我个人非常喜欢的公司前辈如是说道。
曾经的她怀着满腔热情进入公司，
如今的她挺着便便大腹开始休假。

“你要把育儿假都休满吗？”

公司居然给拯救我们这个低出生率国家的英雄
准备了一顿五味杂陈的白眼饭。
这顿育儿假白眼饭的主要食材
不是休息的“休”，
而是叹息的“咻”。

不等动筷，
只是看着便已被噎住。
“什么时候说比较好呢？”
“能休满吗？”
“到目前为止没一个休完假后能回得来的。”
“谁来照看孩子呢？”
我们的英雄
一边将这顿非吃不可的白眼饭
泡在大麦水里狼吞虎咽，
一边拼命地敲打着白眼计算器。

这不仅是应积极鼓励的社会问题，
更是应极力督促解决的公司问题。

我生孩子了，对不起。

商业道德

禁止周一汇报

周末就好好休息吧，
周一上午把报告交给我。

星期五下午5:32

=

和工作日一样，
周六、周日也是要上班的，
请竭尽全力、拼命工作，
认真完成报告。

星期五下午5:32

虽然上司写的是让你周一交报告，
但是你得听出来实际上是让你周末加班。

查找好友
金部长申请加为好友
接受
拒绝

鸡肋

上司申请加为好友

点接受的话，

以后就再也不能吐槽公司了；

点拒绝的话，

上司一定会记恨我吧。

这可真是倒胃口啊！

明天 3 点左
右我应该会
生病。
想请半天假。

突然牙疼

卢代理的离职预告片

一

打印文件后迅速将其偷偷取回。

（大概打印的是简历和主要作品集吧）

二

经常休半天假。

（大概是去参加部门经理面试和董事面试了）

三

发呆。

（大概心已经飞到新公司去了）

四

变得对任何事都能宽宏大量。

（大概正准备离职）

如果这种预告片反复上演，

那么两周后极有可能就要上映正片了。

9点
11点

超脱

加班就加班呗。

第二天还得准时上班就准时上班呗。

聚餐就聚餐呗。

还得自己打车回家就自己打车回家吧。

周末就周末呗。

周一还得交报告就交报告呗。

这是上班族的必备美德，

超脱。

垃圾邮件的标题中
使用了流行语。

就连垃圾邮件都在不断自我完善，
我却始终在原地踏步。

在公司厕所上大号，

旁边两个女同事一直喋喋不休地聊个没完。

实在不好意思出去。

人们无法获知的不是答案，而是问题

尔伯特·基思·切斯特顿

6

成为粉丝的条件
只是因为喜欢

我非常喜欢亚当·李维（Adam Levine）的那首《Lost Stars》。

你看过他在奥斯卡颁奖礼上演唱的版本吗?

没有。

连这个都没看过，还敢说自己是他的粉丝？呵呵。

你应该好好听听这个版本，还有混音版和现场版。那你至少看过他在《周六夜现场》和《美国好声音》上的演唱吧?如果连这两个都没看过，根本就不算是他的粉丝。你已经买了他演唱会的内场票了吧？？

没有，我不过就是喜欢唱《Lost Stars》这首歌的亚当·李维而已啊……

这世上没有任何一条法律规定

如果我们喜欢上一个人，

就必须成为对他无所不知的专家。

沙漠化

感受力

全球性的沙漠化问题，
不仅仅出现在网络新闻报道里。

无论看到什么都不屑一顾，
无论做什么都索然无味。

我们渐渐变得对键盘上的“H”特别大方，
却对挂在嘴角的微笑特别吝啬。

我已记不起上次像小女生般高兴到“哇”地大叫一声是何时了。

终日疲于应付各种人和事，
以至于即便看到再美好的事物也兴奋不起来，
我们的感受力正在沙漠化。

和上司种下一棵风趣幽默的树，
在评论里种下一棵尝试烹饪的树，
和父母种下一棵对话沟通的树，
为今天种下一棵感恩的树，

以此来化解这全球性的危机。

该被取缔的单词

最佳新娘人选

难道这世上还有第二、第三新娘人选？
如果有的话，她们又被藏在哪儿了呢？

我们这个社会早已习惯了对任何事物都要评个等级，
这种风气最终引导我们走向了错误。

听起来异常顺耳，
使用程度近乎泛滥的这个单词
从现在起要开始自我反省了。

新娘
不属于评级的范畴，
而属于**爱情的范畴**。

借口之莫比乌斯带

开始

[该好好学英语啦！]

想要学好英语就得上辅导班。

想要上辅导班就得早起。

想要早起就得早睡。

想要早睡就得准点下班。

想要准点下班就得成为领导。

想要成为领导就得学好英语。

没有完不成的任务，只有找不完的借口。

只要

现在

立刻

开始。

被取消的资格

骂鸽子

面对那些走起路来一摇一摆的家鸽，
我却再也不能
对它们骂道：
“看看这些长了翅膀却不会飞的家伙。”

面对镜子，
一个长了十个手指、十个
脚趾的家伙，
正直愣愣地眨巴着双眼。

这个沉溺于懈怠和安逸
之中，亲手埋葬了自己
所有的可能性的我，也
不过就是一只双腿直立
的鸽子而已。

节假日

不能快乐过节

虽然我对任何事都不太感兴趣，但一遇到“节假日”就表现得异常兴奋。
每到年末，我的鼠标总是优先点向题为“明年放假天数”之类的帖子。
每次翻到月历的下一页时，我的心情像极了那些爱掀女生裙子的小不点们，
一看到工作日里有节假日，就像捡到宝似的暗自窃喜。

随着年龄渐长，节假日的历史意义对我们已不再重要，
我们只关心它“是不是和周末一起连休”。
其中，圣诞节更是成了恋人们的狂欢节。
一次，为了避开人潮，我去了家附近的便利店买薯片和啤酒。
当我推开便利店的门时，门上的铃铛叮当作响，
惊醒了在收银台角落里沉睡的大叔。
大叔立刻打起精神对我说了句“欢迎光临”，
我这才突然发现原来“节假日里还有人不能快乐过节”。

为了那些想在节假日里快乐过节的人们，
自己却不能快乐过节的人在我们身边随处可见。
24小时便利店里的兼职学生如是，
在熙攘的明洞街头做采访的记者如是，
为了成为正式员工而仍需上班的实习生如是，
为恋人们提供服务的服务员如是，
为了预防偷盗而一直在大楼周围巡逻的保安大叔如是，
运行时间延长到凌晨的公交车司机大叔亦如是。

谢谢你们，让我们能在节假日里快乐过节。

12/

HDR
这世上
独一无二的
老妈
在吃烤五花肉
的照片。

认证照片

她的脸庞

美食店里的佳肴，
摇滚音乐节，
星光点点的归家路，
男朋友的脸庞，
束草海边之旅，
刚刚绽放的樱花。

我为人生中不愿错过的
每个瞬间都拍了张认证照片。

然而，
当我拖住相册中长长的滚动条不断往下翻时，
却怎么也找不到那个最重要的拍摄对象。

那个整日为我着想的她，
就是我的拍摄对象。

对准那个为我
操劳到满脸皱纹的她，咔嚓。

对准那个为我
又生出许多白发的她，咔嚓。

对准人生中独一无二的
今天的老妈，咔嚓。

四季

最喜欢春秋两季

因为生活所需缴费最少

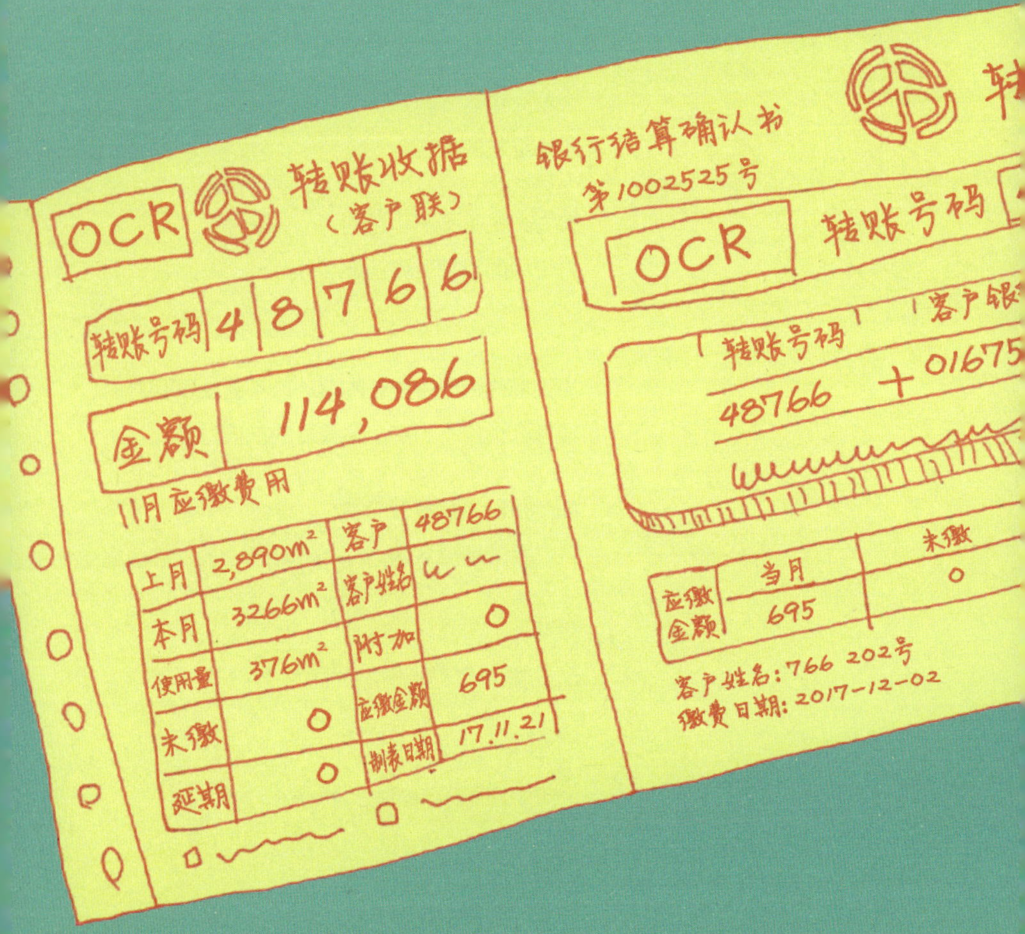

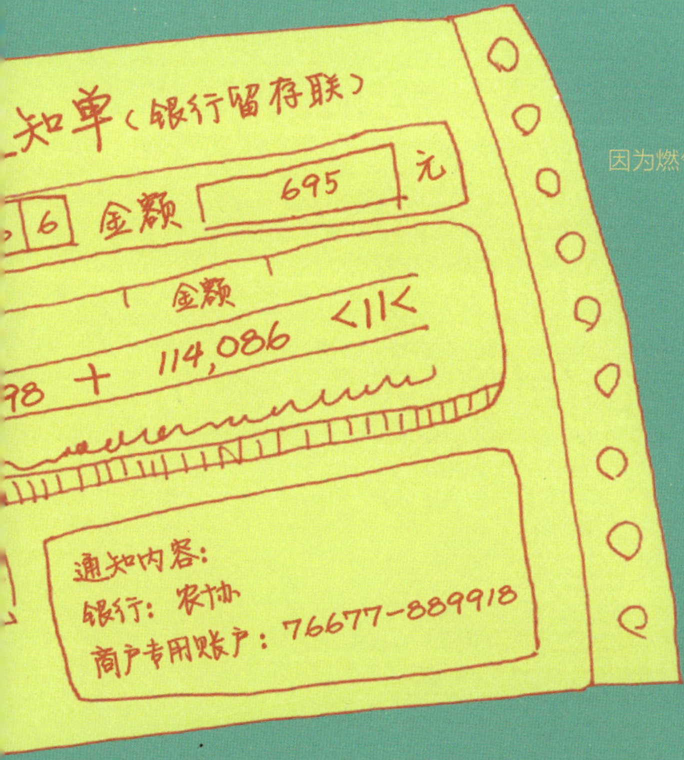

一个自炊者的自白

如今的我成了一个
因为电费讨厌夏天，
因为燃气费讨厌冬天的女人。

没关系
托您的福

今天又增加了

成人积分

过节时会在Kakao talk上群发祝福信息的我 77分

虽然不觉得好笑但仍会报以微笑的我 49分

明明很生气却装作不生气的我 37分

连上司第三个孩子的周岁宴也会去参加的我 18分

与部长共进午餐，接连吃了两天汤饭的我 20分

230分 周末接到上司电话也能和颜悦色的我

原来我就是在这样一点一滴的积累中

长大**成人**的啊。

家长

我的最爱

最帅气，
却最不懂打扮，

想说的话最多，
却最寡言少语，

最强壮，
却也最辛苦的

那个名字，叫做家长。

① 一家中餐店的名字。

一，
二，
三，
四……

现在我已经放弃
给老爸数白头发了。

① OCN是有线电视频道，主要以播放电影与影集为主。

眼泪的质量守恒定律

想哭就哭吧

此刻忍下的眼泪，
会积累到另一个时刻
与别的眼泪一起滴落。

既然终究是要流出来的，
大可不必强忍。

想哭的时候就大胆地哭出来吧。

风险
来自你不知道
自己正在做什么

沃伦 · 巴菲特

7

1点
午休结束症候群

心跳加速，
忐忑不安，
焦虑烦躁，
不停地看手表，
不断地叹气。
以上就是每到1点，
上班族集体发作的
午休结束症候群的主要病症。

这是上班族们利用午休时间
神游后，
回到办公室时
出现的一种常见的症候群。

是一种即便每天都要经历，
却始终无法适应的症候群。

实习生

榨取青春

只要忍耐忍耐再忍耐，
就能成为正式员工，
为了这点微小的希望，
忍耐了一次又一次，
却终究还是变回无业游民，
这是一份算不上职业的职业。

为了一丝虚无缥缈的希望，
因为介意别人的眼光而从不敢有一句怨言，
只是默默地奉献出自己全部的宝贵青春，
这是世上最崇高的职业。

真不懂事

星期五部门聚餐

把“星期五”和“部门聚餐”搭配在一起，
就像是把披萨和大酱搭配在一起，一点儿也不和谐。

星期五应该和家人搭配在一起，
星期五应该和朋友搭配在一起，
星期五应该和恋人搭配在一起，
星期五应该和准点下班搭配在一起。

只有这样，
它才能体现出“金曜日”[1]的本质，
成为闪耀着光辉的一天。

---

① 星期五在中国古代、日本和韩国被称为金曜日。

周五有约
崔实习生
女儿奴
金次长
我想回家
新婚夫妇
朴职员
准妈妈
金代理
一起去第五场吧~

突然发觉做得好
比认真做更重要。

有时，
会表现更加重要。

起床、上班、吃饭、下班、睡懒觉。
连续数月的一周反复记号。

原来我的一周乐谱
一直都是一个调啊。

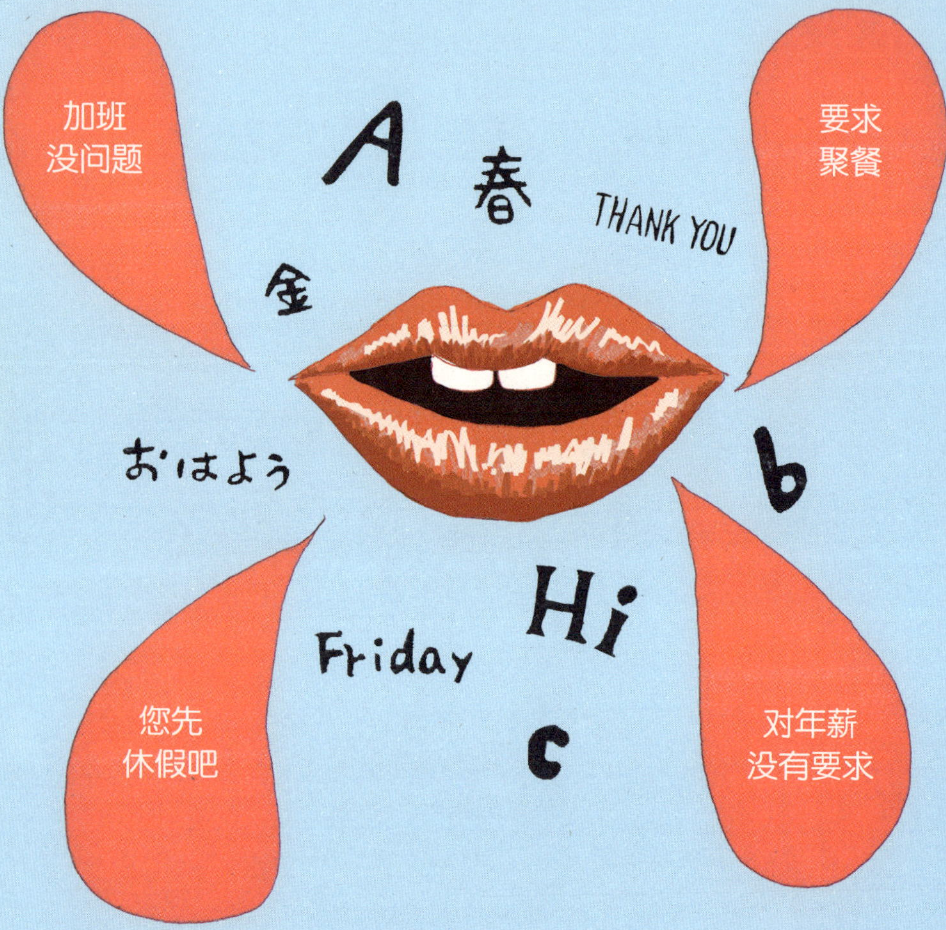
加班
没问题
A
春
THANK YOU
要求
聚餐
金
おはよう
b
Hi
Friday
您先
休假吧
c
对年薪
没有要求

四大国语

如今公司评定人才的标准

比法语、中文、阿拉伯语和德语
更难学、更复杂的“上班族四大国语”。

这是只有上班族
才懂得使用的语言，
有传言称全世界的语言学家
一致认为这是
历史上空前绝后的语言。

那些正准备找工作的人
自以为只要托业考到900分以上就万事大吉了，
然而他们却不知道想要成为一名被人认可的
上班族需要掌握另外四种语言。

值得庆幸的是，
虽然学习这些语言没有网上课程和教材可循，
但如果你遇上一个喜欢被人拍马屁的上司，
你将有幸免费接受察言观色的培训。

经过3年左右的培训，
大部分上班族会惊奇地发现
自己已经能灵活运用两种以上的语言了。

氮气包装

税前工资

用一种名叫“税金”的氮气充得鼓鼓囊囊

假如
每个月领到的都是税前工资该多好，
我将这宏伟的愿望埋藏在心底，

今天照常上班。

金代理，我们要做
一辈子的朋友！
小子，直接
叫我哥！
到明天就会忘掉！
全都忘掉！

朝生暮死

聚餐时产生的友谊

明天上班时在电梯里。

朴职员：啊……您好。

金代理：呃？哦哦~哦。

（沉默）

神话

我像你这么大的时候

就算连续5天在公司
熬夜加班也毫无倦意，

就算一天之内
要完成7篇报告
也能全都一次通过，

全公司的女职员
没有一个
不倾慕我的，

要是没有寡人
公司就没法运转了，
就连老板都对我
赞赏有加。

卢代理，刚到点就想下班？我都还没走呢？
不是的。我只是按时下班。
该做的工作我都已经做完了哟！

错误的表述

一到点就下班（X）→ 按时下班（O）

那个，领导，

您又不是

代表下班时间的时针！

上司下班了，
下属才能下班。

开导那家伙

才是今天最辛苦的业务。

为什么简历里

一定要有托业成绩呢……

艺术是
生活的一种形态

理查德·沃尔海姆

8

希望酷刑

50:50

- [x] 耳机坏了一半。
- [x] 行人信号灯的绿灯时间只剩一半。
- [x] 面试官对我的满意度看上去只有一半。
- [x] 暧昧男联系我的次数只有原先的一半。

希望酷刑。

它的意思是既不肯定，也不否定，
而是用模棱两可的只有一半的希望，
使对方坐立不安。

只对对方敞开一半的心扉，
是这世上最邪恶的行为。
它使人满怀期待，
如若成功，不过可以安心地舒一口气，
如若失败，则会使对方陷入巨大的失望。

平“菌”

大脑中的大肠杆菌

各种平“菌”

在我的人生中如影随形。

如果达不到平均水平就是托后腿，

在这种强迫观念的驱使下，

它们就像大脑中的大肠杆菌，

使我的今天又成了一个疲惫不堪的日子。

至少得拿到21万元吧！！！
年薪平“菌”
30岁就该结婚了！！！
结婚年龄平“菌”
房子至少得有66平吧！！！
婚房面积平“菌”

陈腐

伟大

走向陈腐的漫长旅程

假设现在出现了某种伟大的事物。

在其不断地衰败、衰败、
再衰败的过程中，
我在注视着它，
我旁边的人在注视着它，
我旁边的旁边的人也在注视着它。

一个伟大的事物想要得到那么多人的关注，
就必须具备让每个见到它的人都产生共鸣的能力，
而想要获得这样的能力，
就必须在最好和最糟之间经受住
不断往复的痛苦锤炼。

因此，
陈腐的东西未必真的陈腐。

梦想　青春　热情

幸福　生活　礼物

体贴　挑战　家庭

未来　爱情　朋友

热情　友情　毅力

希望　家人　一天

健康　平安　早晨

本是些非常伟大的词，
却因经常被使用
而显得陈腐。

如果刚才你像往常一样对这些词一扫而过的话，
请重新认真地看一次，细细体会这一笔一划中蕴藏的感动。

不安的时候想要幸福，
得到幸福后却又开始不安。

看到喜鹊的那天
真的遇上了好事。

然而这件好事
不是喜鹊带来的，
而是相信会有好事发生的
信心带来的。

免费赠送

次时代画面

更加栩栩如生的画质。
完美还原大自然真实色彩的像素。
比曲屏更加逼真的观赏体验。

令人惊喜的是你无须提前预约，
当场就能使用。
使用原则只有一个，那就是免费赠送。

你只需仰望45度角，就能立刻免费获得！

管它什么5英寸、6英寸plus，
别再流连于这1英寸之争了，
请用双眼呈现给你的画面
来直视这个世界。

那么，一部在任何液晶显示屏
或画面中都看不到的
电视剧将为你免费放映。

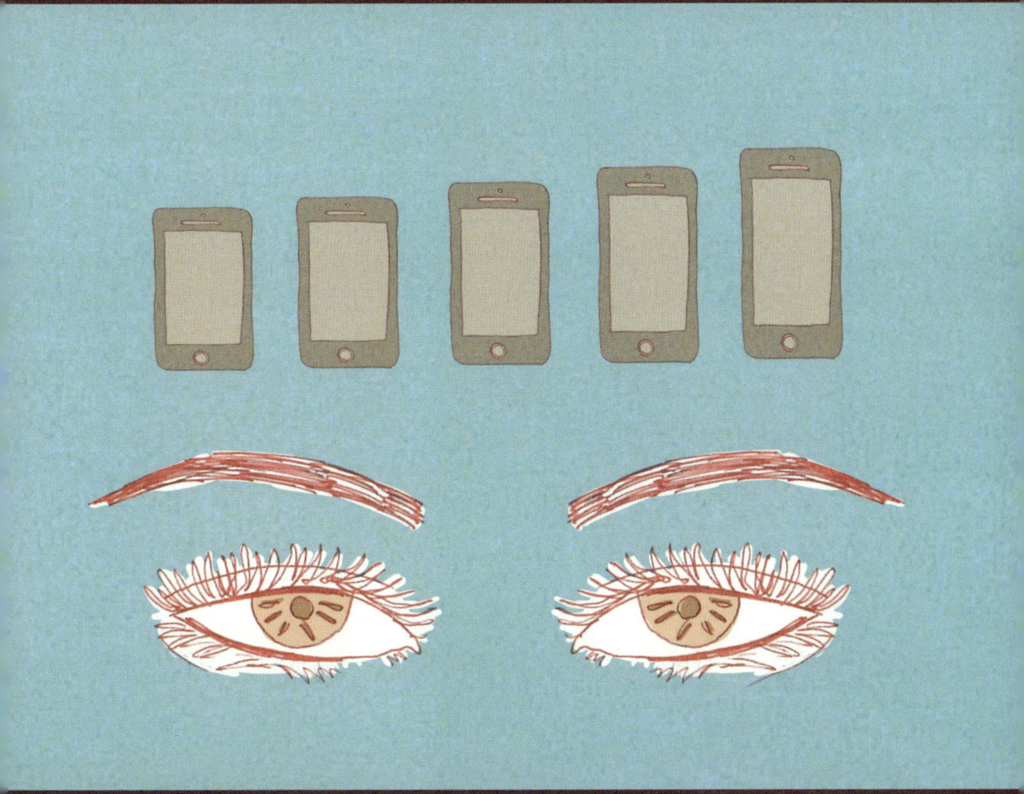

汗蒸房

有线电视

72度水晶盐汗蒸房频道。
这是一个非正规频道。

主持人是
这一带有名的
特别能说会道的
泡澡大妈们。

谈到兴起时，
许多人便会从四面八方涌来，
自发成为节目主持人。

节目内容是连《魔女狩猎》也要靠边站的
29禁[①]流言蜚语。

我也偷偷地在旁边
找了个位置佯装睡觉，
自发成为热心听众。

这是只要听上一段预告，
就再也舍不得离场的
史上最精彩的脱口秀。

① 指29岁以下的人禁止观看。

和侄女一起去旅行。

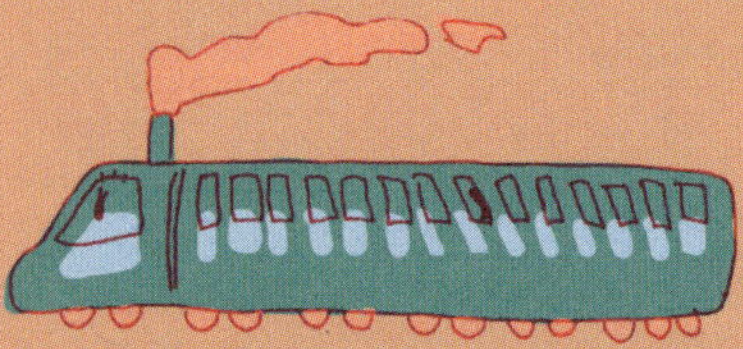

回来时成了朋友。

泡温泉时，
以全裸为赌注，
玩了整整一小时的石头剪刀布。

整整差一轮的闺蜜诞生。

和男朋友一起去旅行。

结果就光顾着看他了。

嫌扶手不干净，
居然隔着纸巾抓扶手，
然后每隔 10 分钟消
一次毒

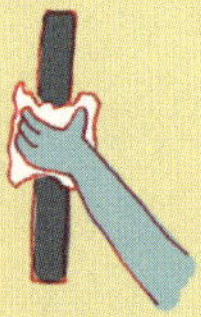

原来他不是爱干净，
而是十足的洁癖狂。

我希望

我的生活

也像应用程序一样

出现新消息。

于是我把头发剪了。

净化眼球

浏览书名

综合　演艺　体育　生活

[图片] 全度妍和朴山多拉，同样的衣服不同的效果

白信慧晒自拍，我漂亮吗？

揭秘全盛时期的姜敏京

“3 天 1 夜”拍摄中未公开的照片

明星情侣诞生　约会照

女演员的 SNS。亲自动手做午饭……

哪怕只是去趟书店，
大略浏览一下书名，
也能减轻整日流连于即时新闻
的罪恶感。

微尴尬1

替对方按住了电梯

结果对方住在一楼

鼓足了勇气想要表现得亲切，

亲切却成了尴尬。

微尴尬2

在菜场讨价还价

却被断然拒绝

啊……啊……好吧！

折中的人生

非此即彼

不是入学考试就是复读，
不是恋爱就是单身，
不是炸酱面就是海鲜辣汤面，
不是浪费就是抠门，
不是就业就是失业，
不是富翁就是乞丐，
不是结婚就是未婚。

非此即彼，
我这一生就是在这二选一的命题中
劳碌奔波。

非此即彼，
在这两者之间
该有多少种折中方案?

我又到底错过了
多少种折中的人生?
不，其实
折中的方案里
也隐含着无数种机遇。

好吧。

承受后退的遗憾，

也是人生必修的功课。

我之所以成长为今天的我，
其中80%应归功于你们。

Thank you.